DIX ANS
D'AGRICULTURE

PARIS. — IMP. SIMON RAÇON ET COMP., RUE D'ERFURTH, 1

DIX ANS

D'AGRICULTURE

PAR

LE COMTE DE FALLOUX

DE L'ACADÉMIE FRANÇAISE

PARIS

LIBRAIRIE AGRICOLE DE LA MAISON RUSTIQUE

26, RUE JACOB, 26

DIX ANS

D'AGRICULTURE

Une récompense officielle venant d'être accordée à mes travaux agricoles, j'en laisse le juste orgueil au coopérateur qui m'aida à l'obtenir; mais je crois y trouver le droit de parler de mon entreprise avec plus de confiance que je ne l'aurais fait avant d'avoir subi un contrôle authentique. Tant que j'ai été mon seul juge et mon seul témoin, j'aurais craint d'être accusé de complaisante illusion. Aujourd'hui, non-seulement mon travail, mais son résultat, non-seulement mes dépenses, mais aussi mes recettes, ont été l'objet d'un examen minutieux de la part d'un jury. Ce jury se composait d'hommes à la fois compétents et indifférents, dont l'unique mission était de prononcer avec impartialité entre une vingtaine de concurrents qui leur étaient également étrangers. Je cède donc à la tentation de dire à mes amis : Je ne me suis pas trompé et je ne vous trompe pas; la voie que j'ai suivie est bonne et sûre ; vous pouvez vous y engager à votre tour et profiter de l'expérience faite à mes risques et périls. Plus j'ai vécu de la vie agricole, plus j'en ai goûté le charme et le bienfait : j'éprouve donc à cette heure-ci beaucoup plus que le plaisir de raconter, j'éprouve le désir de persuader. Je voudrais avoir mieux que des lecteurs, je voudrais avoir des imitateurs, et, si je parvenais à susciter quelque bon agriculteur de plus, je croirais avoir rendu à mon pays un noble et utile service.

Mon ambition hautement avouée, voici comment je me flatte de la justifier et de la satisfaire ; je me propose d'établir ici les trois points suivants :

1° Je n'ai pas débuté dans des conditions favorables, et tout ce que j'ai fait, chacun peut le faire ;

2° Tous mes déboursés m'ont été promptement rendus par le terrain auquel je les avais confiés, et j'ai fait une affaire supérieure à la plupart des placements industriels ;

3° En paraissant se désintéresser des grandes luttes politiques ou sociales, l'agriculture place cependant ceux qui s'en occupent au premier rang des serviteurs et même des restaurateurs d'une société ébranlée. Peut-être ne m'a-t-il fallu rien moins que cette dernière considération pour me déterminer à parler, ce que quelques-uns nommeront une langue morte, à l'heure où tant d'événements, tant de périls, tant de turpitudes sollicitent ce qu'il pourrait y avoir de plus vivant dans la parole humaine.

I

Personne ne fut jamais moins que moi préparé à la vie agricole, aucune étude préalable ne m'y avait conduit. Mon enfance s'était bercée sous la Restauration de rêves politiques; la révolution de Juillet m'avait fermé la carrière avant que j'y eusse mis le pied, et je cherchai dans les voyages multipliés et lointains l'occupation qui m'avait fui sous une autre forme. Quelques études historiques m'ouvrirent en 1846 la Chambre des députés. Dès lors l'agitation parlementaire, comme on dit aujourd'hui, s'empara de moi jusqu'au coup d'État de 1851, et ce fut dans la caserne du mont Valérien, où j'avais été jeté avec un certain nombre de mes collègues de l'Assemblée législative, que je pris mes résolutions de vie champêtre. De tout temps la campagne m'avait plu, mais c'était uniquement pour le charme de ses paysages, pour la facilité d'y poursuivre, un livre à la main, des pensées qui lui sont étrangères. Ce ne fut donc qu'en face d'une nouvelle révolution et pour occuper de soudains loisirs, que je songeai, pour la première fois, à devenir cultivateur.

La terre sur laquelle j'allais m'exercer était-elle moins novice que moi? nullement. Je n'y rencontrais pas plus de préparation que je n'en apportais. Mon père était revenu de l'émigration dépouillé des trois quarts de sa fortune, et s'était mis à vivre dans la commune du Bourg-d'Iré, où se trouvait réuni le reste de son patrimoine. Plus tard, un héritage collatéral avait augmenté son aisance; mais ses habitudes étaient prises : il ne replia point la modeste tente qui l'avait abrité, et sous laquelle ses enfants avaient grandi. Il annonçait souvent le dessein de créer un établissement plus considérable sur une propriété voisine qui lui était échue en partage, mais ce dessein ne s'exécutait jamais ; et lorsque sa mort, coïncidant avec ma retraite politique, me mit en demeure de fixer mon choix, mes affections l'emportèrent sur mes intérêts, et au lieu de me transplanter à mon tour là où j'eusse trouvé les avantages d'une plus grande propriété, je demeurai inébranlablement attaché au petit horizon que mon regard avait toujours caressé, à l'étroite habitation qu'embellissaient mes souvenirs de jeunesse, aux champs morcelés qui semblaient m'interdire toute entreprise un peu étendue, mais au milieu desquels je n'avais jamais connu que des visages amis.

L'inconvénient et presque le ridicule d'entretenir le public de ces détails personnels ne m'échappent point, mais je n'ai pas su découvrir le moyen d'éviter cet écueil ; ces détails, comme on va le voir, étant inhérents à mon sujet et indispensables pour la démonstration de ma première thèse, à savoir : que tous les genres d'obstacles qui peuvent éprouver, au début, le zèle et la patience de l'agriculteur m'avaient été réservés.

Ces détails mêmes sont prescrits par le fondateur du prix de ferme. Voici dans quels termes M. le ministre de l'agriculture trace, au préfet de chaque département, les conditions du concours : « Les motifs qui m'ont dicté l'institution de cette prime indiquent assez quelle est la nature des services et le genre de mérite qu'il s'agit de récompenser. Les primes de culture s'adressent aux exploitations les mieux dirigées et qui auront réalisé les améliorations les plus utiles : c'est assez dire qu'il ne s'agit point ici d'innovations hasardeuses et de tentatives incertaines dont l'expérience n'aurait point encore constaté le succès.

« La lice n'est sérieusement et réellement ouverte qu'aux propriétaires ou fermiers de domaines soumis à une culture sagement dirigée, en rapport parfait avec les circonstances locales où elle se trouve placée, bien réglée dans ses dépenses et productive dans ses résultats. Le jury, en un mot, n'a point à décerner une prime d'encouragement, mais à récompenser des résultats acquis, d'une authenticité incontestable, et dont l'exemple puisse être sûrement invoqué pour démontrer comment l'économie dans les dépenses, l'ordre dans le travail, le perfectionnement raisonné des méthodes culturables, et enfin une juste subordination de la culture aux circonstances qui la dominent, créent la prospérité présente et assurent l'avenir des exploitations rurales.

« Les agriculteurs qui voudront concourir pour la prime d'honneur devront adresser, à la préfecture, avant le 1er mars de chaque année, une demande spéciale, conforme à l'instruction qui suit la présente circulaire.

« Il importe, en effet, que la tâche du jury, déjà difficile par elle-même, se simplifie autant que possible, et s'accomplisse en même temps dans les conditions les plus parfaites d'exactitude et de précision; c'est pour atteindre ce résultat qu'il m'a paru nécessaire d'imposer aux concurrents l'obligation de retracer succinctement, dans un mémoire qui tiendra lieu de déclaration, la description de leur domaine et l'historique de leur culture, et un aperçu des progrès qu'ils ont réalisés dans la direction de leur faire-valoir. Initiés par la lecture de ce travail à la connaissance des exploitations qu'ils auront à visiter, les membres du jury éviteront les tâtonnements inséparables d'un premier coup d'œil, et pourront déterminer à l'avance les points auxquels leur examen devra plus particulièrement s'attacher. La notion exacte de l'ensemble qu'ils auront préalablement puisée dans une lecture attentive leur permettra de pénétrer plus avant dans les détails, et d'asseoir ainsi leur jugement sur des bases plus solides et plus étendues. »

Dans le document exigé sur le domaine du Bourg-d'Iré, les difficultés vaincues ne pouvaient être omises, et les voici en résumé telles que le jury les a constatées en 1862.

Mon père avait consacré les vingt dernières années de son existence à l'étude du progrès agricole, mais ce n'était point au Bourg-d'Iré qu'il en faisait l'application : c'était à quatre lieues de là qu'il avait transporté toutes ses opérations en ce genre, et il les dirigeait à distance. En 1845, il avait placé là un taureau durham et deux vaches de cette race alors à peine connue de nom en Anjou. En 1848, il avait mis à la tête de ce faire-valoir un jeune homme, Baptiste Lemanceau, élève de la ferme-école de la Mayenne ; et je me reprocherais de ne pas associer ici son nom au mien comme je l'ai fait dans le mémoire placé sous les yeux du jury. Sans son intelligence, son activité, un rare dévouement à tous ses devoirs, j'aurais certainement reculé devant l'entreprise. Cependant, en 1850, ce collaborateur n'avait pas encore vingt-deux ans, et tout le monde conviendra qu'il est aisé de réunir sur une seule tête la somme d'expérience qui se partageait entre nous deux.

La part de la direction ainsi faite, voici maintenant la description du terrain. L'Anjou est formé de collines peu élevées ; les vallées sont généralement étroites et peu profondes. Une portion de la province s'appelle le Bocage, non qu'on y voie de vastes forêts, mais les champs, les prairies sont entourés d'une haie vive qui s'appuie sur des arbres plantés irrégulièrement et fort rapprochés[1]. La terre que j'avais à transformer

[1] Voir, pour plus ample description, le cinquième chapitre des *Mémoires de madame la marquise de la Rochejaquelein*, rédigés par M. de Barante.

était morcelée en très-petites parcelles; des chemins impraticables pendant six ou huit mois de l'année desservaient très-désavantageusement deux fermes coupées d'une foule d'enclaves et qui ne communiquaient avec le bourg, dont elles semblent si rapprochées aujourd'hui, que par des détours longs et fort incommodes. L'état précis du terrain, tel qu'il existait alors, a été relevé sur le cadastre, et ce plan est joint au mémoire remis au jury. Le domaine et la réserve du château renferment aujourd'hui un terrain qui se décomposait, il y a dix ans, en deux cent six parcelles. Il me fallut acquérir un premier village situé à deux cents pas de l'habitation même, puis un second qui fermait toute issue vers le bourg, des jardins attenant à ces villages, une closerie et une soixantaine de morceaux détachés. Une fois acquéreur de ce qui me manquait et maître de mes mouvements, je supprimai la multitude de petits chemins creux qui sillonnaient le terrain situé entre l'habitation et la rivière; ensuite tout fut disposé pour mettre en prairies les terres qui descendaient vers l'eau, réservant les parties supérieures pour le bois taillis et les terres labourables. Ce bouleversement radical sur une étendue de soixante hectares présente d'abord l'idée d'une première mise de fonds déraisonnable. Les procédés suivis et les moyens employés pour atténuer ou pour compenser la dépense me disculperont. D'abord furent curés avec soin tous les fossés, toutes les terres de jardin, toutes les feuilles amassées et consommées de vieille date dans les carrefours, terrains vagues et lieux bas. On en forma des provisions considérables de terreau ou engrais qui venaient fertiliser la nouvelle création au fur et à mesure qu'elle sortait de son chaos. Les haies étaient chargées d'arbres soit de haute futaie, soit d'émonde· je réservai seulement, de distance en distance, les arbres qui pouvaient servir à l'ornement du parc sans nuire à l'aménagement de la prairie, et le reste fut réduit soit en bois de charpente, soit en bois de chauffage. Le bois de charpente entra pour une majeure partie dans la reconstruction du château; le bois de chauffage vendu, hiver par hiver, offrit une ressource considérable.

Ceci posé, une compensation doit se recommander à mes confrères : c'est le plaisir et le bénéfice d'une charité bien faite. Il est peu de budgets qui ne comptent l'aumône dans leurs colonnes. Les travaux de terrassement se faisant en hiver sont par excellence ceux qui soulagent ou même font disparaître la pauvreté. Tout habitant de la campagne y devient apte en quelques heures d'exercice. J'aurais certainement économisé du temps et de l'argent si j'avais confié ma besogne à des ouvriers à la tâche; ce fut cependant ce dont je me gardai, et je m'en suis félicité. Je refusai d'abord d'appeler pour les terrassements des ouvriers étrangers au pays, sauf de rares exceptions; et j'achevai mon entreprise avec des ouvriers à la journée, appelant sans distinction les vieux et les jeunes, les vigoureux et les infirmes, annonçant à tous que le chantier était ouvert à quiconque, dans la commune ou dans quelques-unes des communes adjacentes, souffrait d'un chômage ou n'avait aucun état. Un ancien soldat amputé d'une jambe s'y employa sans interruption, et une portion notable de nivellement a été menée à fin par un ouvrier cordonnier sans ouvrage. Cette petite armée de journaliers de tout âge et de toute allure s'élevait souvent jusqu'au nombre de trente; elle ne descendait jamais au-dessous de quinze. J'appelai d'abord pour les conduire un employé des agents voyers de Segré; au bout de peu de temps l'intelligence de quelques-uns des journaliers de la commune rendit sa présence inutile. En trois années la transformation du terrain était complète. En même temps, à ma grande satisfaction, le bourg lui-même prenait

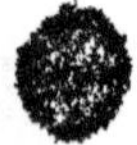

un tout autre aspect. Les pauvres masures rasées étaient basses, humides, insalubres : des maisons à chaux et à sable, bien aérées, bien accessibles au soleil, les remplacèrent. Les prix d'achat, le salaire de ces trois années, les profits accessoires qu'avait entraînés tout ce mouvement, avaient ou créé ou complété de petites fortunes. La santé et l'aisance avaient pris un même mouvement ascendant, et si d'une main j'avais eu à payer des journées bien employées, de l'autre je n'avais plus à entretenir des fainéantises volontaires ou forcées, des détresses maladives. Quand on est sollicité pour accorder un ouvrage utile, on ne l'est plus pour payer de petits loyers, des mémoires chez le boulanger, chez le boucher qui ne profitent à personne, et qui ne suffisent pas pour tirer de peine ceux à qui on accorde ces dons gratuits.

On peut voir déjà combien j'ai été redevable à la bonne grâce de mes voisins, puisque aucun, riche ou pauvre, n'a refusé de me vendre ce que j'avais besoin d'acheter et qu'aucun n'a voulu abuser de ce besoin même. Un dernier acte de cette bonne grâce doit encore être signalé ici : une petite ferme avait été donnée autrefois par ma famille au Bourg-d'Iré pour augmenter ses ressources. L'administration communale touchait de longue date ce revenu, sans l'augmenter par des améliorations ou des constructions, et ces terres étaient graduellement devenues les plus maigres de la commune. Le conseil municipal m'offrit spontanément de les reprendre moyennant un légitime dédommagement; j'acceptai l'offre avec empressement, en joignant ce motif de vive reconnaissance à tous les autres. Aussitôt après, les bâtiments croulants et délabrés disparurent, et cette propriété fut adjointe aux terres du domaine.

La suppression de tant de fossés, de tant de chemins creux qui présentaient l'aspect de profonds ruisseaux durant tous les hivers, m'avait rendu le drainage plus précieux et plus indispensable qu'à personne ; il marcha concurremment avec les opérations de terrassement et de nivellement. Ce drainage fut exécuté sur un plan qui comprend une étendue de huit mille cinq cent vingt-trois mètres, soit dans la prairie, soit dans les terres labourables. Il a été exécuté tantôt au moyen de tuyaux, tantôt à l'aide de pierres provenant des nombreuses démolitions qui jonchaient le sol. L'évaluation précise du drainage en pierres ne saurait être relevée en chiffres rigoureusement exacts ; je puis néanmoins affirmer que le déboursé est moindre et la solidité plus grande que dans le drainage à l'aide de tuyaux. Il est vrai que les circonstances étaient favorables, puisque les matériaux se trouvaient sur place, que dans la plupart des cas, le cours des anciens fossés s'utilisait, et qu'il en eût coûté plus cher de rechercher un autre emploi ou de transporter au loin ces pierres amoncelées.

L'assainissement des terres ayant été immédiat, j'aurais voulu couronner ce travail par un système aussi complet d'irrigation. Malheureusement la configuration du sol s'y refusait absolument. La prairie qui commence au bord d'une petite rivière va en s'élevant toujours jusqu'au sommet d'un plateau où je n'eus pas le bonheur de rencontrer de source jaillissante. Je n'ai donc eu d'autre ressource qu'une irrigation artificielle; elle se fait par prise et reprise d'eau dans des réservoirs creusés à cet effet, vers lesquels se dirigent à longue distance les eaux qui s'écoulent du fossé des chemins, et qui se répandent ensuite sur la prairie par des rigoles. Pour l'entretien de ces réservoirs, les métayers sont astreints au nivellement et au curage assidu de leurs fossés; de l'écoulement de toute eau stagnante résulte au loin l'assainissement de toutes les terres.

Pendant que ce chantier était en pleine activité, la ferme s'élevait sur la hauteur à proximité du château, sans que ce voisinage pût nuire ni à l'un ni à l'autre. C'était en même temps le point de jonction entre les terres en culture et la prairie. La maison de ferme, habitation de M. Lemanceau, fut placée au centre des bâtiments d'exploitation. Rien ne fut refusé à l'ampleur des dimensions, et je conseillerai toujours de ne rien ménager du côté de l'espace chaque fois qu'on entreprend une construction rurale. Les besoins que chaque jour révèle sont innombrables. D'année en année on se reproche un oubli, on se repent d'une distribution trop parcimonieuse, et il n'y a pas de comparaison, pour la dépense, entre un plan largement conçu une fois pour toutes ou des adjonctions tardivement et successivement ordonnées. Il en est tout autrement du luxe ou d'une élégance qui viserait à l'art architectural. La régularité des bâtiments facilite le bon ordre des travaux ; un bon goût simple invite à la propreté ; le luxe n'est que le signe du gaspillage et le dénonciateur du mauvais emploi de l'argent. J'ai adopté, il est vrai, les toits à la façon suisse, non pas parce qu'ils ont un aspect plus pittoresque, mais seulement parce que, éloignant du mur la chute des eaux pluviales, ils préservent les bâtiments de l'humidité et des ravages du salpêtre.

La maison d'habitation est située entre deux ailes à égale distance l'une de l'autre, longues de cinquante mètres chacune et haute de six mètres en maçonnerie. L'aile droite contient la boulangerie, le pressoir, le cellier, les écuries, les porcs, les moutons, et dans toute sa longueur le grenier des céréales. L'aile gauche est uniquement consacrée à l'espèce bovine, et calculée pour contenir soixante têtes de bétail, quoique ce nombre excédât d'un grand tiers la proportion considérée comme la plus élevée dans le pays. Le grenier l'aile gauche est destiné à recevoir quatre-vingt mille kilos de foin. Un corridor de un mètre quarante-cinq centimètres de large, pavé en briques sur champ, traverse l'étable dans toute sa longueur. Ce corridor est bordé à droite et à gauche par la crèche des animaux, ce qui permet de les inspecter sans aucun inconvénient pour la propreté. Sous ce corps de bâtiment, comme sous la maison d'habitation, sous la fosse à fumier et sous les autres servitudes, ont été pratiqués des canaux qui font aboutir sur la prairie les eaux grasses et fertilisantes.

Cependant il restait encore un bâtiment à élever; c'était un hangar pour les charrettes, charrues, instruments aratoires et machine à battre. Cette construction s'éleva naturellement entre l'aire et les paliers : par la même occasion on fit droit à un besoin qu'avait révélé l'expérience. Les fermiers des environs avaient pris rapidement l'habitude de venir visiter les travaux du domaine, d'en constater les résultats, d'abord avec simple curiosité ou méfiance, bientôt avec un intérêt sérieux et l'intention de s'approprier ce qu'ils jugeaient à leur portée. Ces visites étaient estimées à haut prix, et loin d'être considérées comme importunes ou comme une perte de temps, elles constituaient ma meilleure récompense, en me prouvant que la contrée tout entière ne tarderait pas à entrer dans le même mouvement. L'étable ne fut donc jamais fermée à personne; les palefreniers mirent une infatigable complaisance à répondre à toutes les questions, à expliquer et à communiquer tous leurs procédés; enfin un taureau durham pur fut toujours, pour la propagation de l'espèce, tenu à la disposition des métayers, quels qu'ils fussent. Il résulte de ce régime hospitalier, pratiqué sans interruption, que les animaux, souvent visités, palpés, forcés de se lever, souffrent lorsqu'on les destine à un engraissement spécial. Pour concilier deux intérêts qui ne devaient être sacrifiés ni l'un ni l'autre, une petite étable, pouvant se fermer à clef, fut construite dans le bâtiment de hangar, les animaux destinés à plus de soins ou préparés pour les concours de boucherie y furent logés. On ne refuse pas de faire connaître leur régime, qui n'a rien de mystérieux ni d'exceptionnel, mais du moins les visites sont réglées de façon à n'être ni trop fréquentes, ni absolument superflues.

La dépense totale de la ferme et de ses dépendances en dehors des matériaux fournis par la terre elle-même, c'est-à-dire en dehors de la pierre et du bois, approximativement évaluées à six mille francs, s'élève à seize mille six cents francs, dont les pièces justificatives ont été présentées au jury, ainsi que tous les registres de la comptabilité dans ses plus minutieux détails.

Voici donc en résumé ma base d'opérations : tout à bâtir par le pied. Quelques terres de bonne qualité, noyées dans un ensemble de terres sans direction commune, sans culture ancienne ou savante; des prairies improvisées sur une pente assez roide, point d'eaux vives à distribuer en irrigations, point de débouchés commerciaux, aucune grande ville à proximité, nul chemin de fer ni dans le présent ni dans l'avenir. Ainsi, pour être condamné aux dépenses premières qui m'ont été imposées, il faudrait participer aussi aux mêmes difficultés d'origine, c'est-à-dire être affectionné au sol avant de le posséder, et prendre une initiative complète sur tous les points et dans toutes les acceptions du mot. Quiconque aura une de ces difficultés de moins aura dans la même mesure une évidente supériorité sur moi, et de plus une notable chance de réussite.

Maintenant je dois expliquer quels ont été, malgré cette série d'obstacles, mes bénéfices et leur source principale.

II

Il serait singulier et bien malheureux que l'art qui nourrit les hommes ne pût faire un pas sans devenir l'occasion habituelle et presque inévitable de leur ruine. Il doit donc exister dans la mauvaise réputation financière des agriculteurs un injuste malentendu, et il importe de le discuter.

L'école de l'agriculture est comme toutes les écoles de ce monde, elle peut faire de mauvais écoliers; elle est responsable de ses enseignements, mais elle ne peut pas demeurer indéfiniment solidaire de l'imprudence ou de l'inaptitude de ses disciples. C'est l'imprudence ou l'inaptitude en effet qui, si l'on y regardait attentivement, se découvriraient au fond de toutes les mésaventures objectées du premier coup à la propagande agricole, et l'on s'apercevrait que les mêmes fautes commises dans toute autre carrière auraient abouti aux mêmes déconvenues. On disait un jour devant le chevalier de Boufflers, parlant de je ne sais lequel de ses contemporains : « Il court après l'esprit. — Je parie pour l'esprit, » répondit M. de Boufflers. Souvent cette gageure peut se renouveler, et lorsqu'on entend dire de quelqu'un : Il court après son argent, on peut répliquer aussi : Je parie pour l'argent. Car rien, sauf le temps, ne court plus vite et n'est plus difficile à rattraper.

Au début de toute entreprise, au début d'une exploitation rurale aussi bien qu'au début d'une compagnie de chemin de fer, de canaux ou de quelque opération financière que ce soit, l'essentiel est donc de calculer juste la proportion entre les premières mises de fonds et les chances de recouvrement. Si la ferme veut singer le château, si l'on veut mener de front l'existence de Paris et celle de la campagne, si le commandement est irréfléchi et capricieux, si l'obéissance n'est point guidée ou point surveillée, la ruine est la conséquence du désordre, et non le fruit nécessaire de la carrière que l'on a choisie. Cela est vrai en agriculture comme ailleurs, mais pas plus qu'ailleurs.

Pour mon compte, m'étant assuré que les qualités qui me manquaient ne manquaient point à mon auxiliaire, je m'appliquai surtout à ménager la première émission de mon capital. Un taureau et deux vaches durham se trouvant dans mon héritage, je me contentai de ce point de départ, me résignant à grossir mon troupeau, non en achetant précipitamment à des prix de fantaisie des animaux cherchés au loin, mais en accumulant paisiblement d'année en année les produits nés dans l'étable. De cette façon, quelques ventes avantageuses furent refusées et la réalisation de quelques bénéfices immédiats fut ajournée; mais en cinq ou six ans, sans avoir compromis un écu, je me trouvai en position d'affronter les concours, et soit par vente, soit par échange, l'étable du Bourg-d'Iré était devenue dans le *Herd-Book* français l'émule des étables les mieux notées. Au Bourg-d'Iré comme dans plusieurs domaines qui ont obtenu dans d'autres départements le prix de ferme, la production du bétail et des céréales forme, sans aucune industrie annexée, le pivot de toute l'exploitation, et c'est la race durham qui est le type normal du bétail. Chez plusieurs propriétaires une distillerie, une raffinerie, la sylviculture s'ajoutent quelquefois très-utilement à l'agriculture. Dans l'Ouest, cette abondance de richesse est encore rare, et en tout cas, n'est point à mon usage. Quant à la race durham elle-même, est-ce par engouement ou seulement pour l'élégance de ses formes qu'on lui accorde aujourd'hui la préférence? Je ne le pense pas, et voici mes motifs.

La plupart de nos races bovines, en général, et nos races de l'Ouest en particulier, la Bretagne exceptée, ont le même genre de conformation : les jambes et les cornes longues, la poitrine étroite, les côtes terminées en pointe, la peau dure. La race durham a la conformation absolument opposée : les jambes et les cornes très-courtes, la poitrine très-large, la peau souple, les côtes non en style ogival, mais en forme presque cylindrique. Son aptitude à l'engraissement provient donc uniquement de ces conditions constitutives ; elle n'est ni factice ni passagère, et ne s'emprunte ni à une éducation spéciale ni à une nourriture délicate. Cette aptitude à l'engraissement appartient à la race, se transporte et se transmet avec elle et modifie par le croisement toutes les races auxquelles elle s'unit. Ces qualités sont tellement inhérentes à la conformation, qu'elles se retrouvent au même degré dans le mouton et dans le porc anglais, taillés sur le même modèle. Le mouton *south-down*, le porc *new-leicester*, courts et carrés dans leur espèce comme le bœuf durham dans la sienne, présentent exactement les mêmes phénomènes de précocité et de rapidité dans l'engraissement. Ces races aussi ont la même facilité à s'assimiler en l'améliorant toute race française, et leur estomac large et profond accepte sans aucune répugnance des foins grossiers, des tubercules malades que j'ai vu rejeter par des porcs du Craonnais, par des vaches bretonnes ou des bœufs manceaux.

Les faits étant ainsi posés, il y avait intérêt évident à augmenter les qualités de boucherie des races françaises et toute probabilité d'y réussir. Prenons pour exemple le bœuf de race mancelle, qui était principalement en usage dans le Maine et dans l'Anjou avant l'apparition de la race durham.

Il ne faut rien moins que six années pour conduire un bœuf manceau à son entier développement, quatre années pour sa croissance, deux années pour son engraissement. Trois années suffisent au bœuf durham. En deux ans sa croissance est complète; en un an il a conquis tout son embonpoint. Conséquemment, le même espace de temps et la même quantité de fourrage étant donnés, le propriétaire du bœuf durham produit deux animaux là où le propriétaire du bœuf manceau n'en produit qu'un; encore le premier produit-il deux animaux supérieurs, tandis que le second n'arrive jamais qu'à produire un animal inférieur. Ainsi, l'un réalise un bénéfice double à tous les titres, tandis que l'autre ne réalise qu'à grand'peine un bénéfice simple. A un point de vue plus élevé, l'avantage est corrélatif: l'alimentation nationale progresse dans la même proportion que la fortune du propriétaire et du fermier, et la quantité de viande se doublant, elle entre enfin dans le repas de ceux à qui elle est le plus nécessaire, c'est-à-dire dans le repas des classes laborieuses. Voilà l'un des principaux avantages de la naturalisation en France des durham, et cet avantage suffirait pour la justifier. Mais il n'est pas le seul: en même temps que se double la viande, se double le pain, et voici comment.

Propriétaire et fermier ne peuvent s'appliquer à l'élevage des animaux de boucherie sans s'appliquer au même degré à la multiplication des céréales. L'animal de boucherie exige une abondante nourriture d'hiver; cette nourriture se compose du chou, de la betterave, de la pomme de terre, des carottes, et de ce qu'on nomme en un mot les plantes sarclées. Ces plantes impliquent forcément l'ameublissement et le nettoyage de la terre; l'ameublissement et le nettoyage de la terre sont les meilleures conditions pour la récolte des céréales. Ce n'est pas tout. L'abondance du blé produit l'abondance de la paille, la paille fait la litière, la litière fait le fumier, le fumier fait l'engrais, l'engrais répare les déperditions du sol et lui rend ses qualités fertilisantes à mesure qu'elles s'épuisent; en sorte que toutes ces améliorations se tiennent, s'enchaînent, se commandent et s'engendrent mutuellement. Sans faire à l'habitant de la campagne un cours scientifique et séparé sur chacune des améliorations que comporterait son terroir, vous les lui inculquez et les lui imposez toutes à la fois; vous le mettez non-seulement à la meilleure école théorique, mais vous lui donnez le maître praticien par excellence, l'intérêt personnel, qui ne peut plus, une fois entré dans la bonne voie, s'arrêter à mi-chemin. Vous lui apprenez du même coup à tirer parti de la terre et à tirer parti de lui-même. Avec le durham, grand profit par les animaux de boucherie; avec les animaux de boucherie, point de chômage dans le travail, point d'inactivité dans l'homme, plus de terres sans culture, plus de morte saison. Le paysan, tel que je l'ai connu, avait un profond respect pour le sol en jachère; il était profondément convaincu qu'on ne pouvait donner au sol qu'une culture alternative, et il se condamnait régulièrement à ne tirer parti chaque année que des deux tiers ou quelquefois même de la moitié du terrain qui lui était confié. Il faut que la terre se repose, disait-il imperturbablement, et il refusait de s'apercevoir que cette terre qu'il appelait au repos se mettait à produire d'elle-même non plus un simple tubercule ou un mince tuyau de paille surmonté d'un épi léger, mais d'épais ajoncs et même un arbrisseau tel que le genêt qui, dans la Vendée, l'Anjou et le Poitou, s'élève communément à cinq ou six pieds de hauteur. Car l'oisiveté est tellement contre nature, que partout où elle règne elle nuit. Les champs, pas plus que l'homme, ne sont faits pour elle. Dans l'homme, elle produit les pensées stériles, dans la terre

les plantes sauvages ou malsaines. Rien n'est plus agité qu'un homme oisif, et la terre livrée à elle-même se couvre d'une végétation désordonnée, plus fatigante à enfanter que des moissons bienfaisantes. La culture activée, perfectionnée, a donc amené deux découvertes : d'abord, c'est que dans l'ancien système, c'est le laboureur qui se repose et non le sol; ensuite, qu'en variant sa culture on peut impunément la rendre continue. Chaque culture appelle le suc qui lui est propre. Un bon assolement est le véritable repos de la terre, parce qu'il ménage les efforts, parce qu'il ne met que successivement en jeu les forces productives et, par l'administration régulière d'un engrais bien approprié, les répare au fur et à mesure qu'il les emploie. Tout n'était pas erreur dans le vieux préjugé de l'ancien paysan. La terre, telle qu'il la gouvernait autrefois, c'est-à-dire la même semence toujours jetée dans le même sol, sans amendement et sans engrais, finissait par l'appauvrir. Ce n'était pas la terre qui refusait la richesse au laboureur, mais c'était le laboureur qui ne s'employait pas assez activement ou assez habilement à l'exploitation de la richesse naturelle. L'appauvrissement venait de sa methode, et c'est ce qu'il fallait lui apprendre. Le cerveau humain s'épuiserait au même régime, une intelligence que rien ne fortifie ni ne renouvelle finit aussi par succomber; retrempée au contraire et vivifiée dans une juste mesure, sa puissance est illimitée.

Ces assertions, je ne les puise pas seulement dans l'expérience de mon administration personnelle, je les emprunte également à l'expérience de toutes les cultures que j'ai sous les yeux. Les terres de l'Ouest s'administrent d'après deux modes principaux : les fermes à moitié et les fermes à prix fixe. La ferme à moitié ou métayage associe complétement le propriétaire et le métayer; ils dirigent à frais communs toutes les opérations et partagent tous les produits, qu'ils revendent ensuite à leur guise, chacun de leur côté. Rien n'est plus paternel que ce mode d'administration, puisque le propriétaire et le fermier traversent ensemble les bonnes ou les mauvaises fortunes et n'ont point l'évaluation préalable de la terre à débattre avant de fixer un prix de fermage irrévocablement convenu pour un bail de neuf ans. Seulement ce mode exige deux conditions indispensables : une grande probité dans la population et la présence continuelle du propriétaire ou de son représentant à portée du métayer. Le fermage à prix débattu et fixé d'avance par un bail s'emploie par les propriétaires qui redoutent les soucis d'une gestion en détail et préfèrent une moyenne de revenus déterminés aux chances d'un revenu supérieur mais variable, selon la hausse ou la baisse dans la vente du blé et du bétail. J'ai pu juger des deux méthodes, parce que je les pratique toutes deux à la fois, exploitant à moitié toutes les fermes situées dans la commune du Bourg-d'Iré, exploitant par fermage fixe les fermes situées à plus longue distance. Aux unes comme aux autres je m'efforce d'imprimer la même direction, et toutes ont répondu par une marche rapidement ascendante. Il y a douze ou quinze ans, pas une ferme dans le pays ne rapportait au delà de trente à quarante francs l'hectare ; peu de terres aujourd'hui sont affermées au-dessous de soixante francs ; plusieurs se disputent au prix de quatre-vingts francs l'hectare. Les mêmes fermes à moitié dans le Bourg-d'Iré, c'est-à-dire sous l'impulsion directe des principes émis plus haut, rapportent cent francs l'hectare. Quant au domaine du Bourg-d'Iré proprement dit, son revenu est un minimum de cent dix-sept à cent vingt francs l'hectare [1].

[1] Voir *le Moniteur* du lundi 8 septembre 1862. — Voir aussi, dans le

Posant en principe que l'élevage intelligent des animaux de boucherie implique et résume une amélioration générale de toute la culture, je dois répondre aux objections qui se sont élevées contre la race durham prise comme régénératrice de nos races françaises.

Les animaux durham qui se présentent aux différents concours de boucherie sont, dit-on, le produit monstrueux d'un engraissement acheté au prix d'efforts exceptionnels ; de tels soins et de tels résultats ne pourraient se généraliser. Ce succès, en outre, tromperait l'attente du petit agriculteur : en parvenant à doubler son commerce du côté de la viande, il détruirait dans ses bestiaux toute aptitude au travail, il ne se procurerait un gain qu'au détriment d'un autre en perdant la faculté d'employer ses bœufs en attelage et d'exécuter gratuitement ses labours avec l'animal qu'il doit plus tard présenter à l'abattoir.

L'objection est très-fondée, en ce qui concerne les concours ; assurément les spécimens qui paraissent aux grands jours de Poissy ne sont point destinés à servir de type à tous ceux qui cultivent la moyenne ou la petite propriété. Le but des concours est tout différent et ne rend pas moins un service de premier ordre. On ne peut disconvenir que la race française, dans la plupart de nos provinces, ne soit susceptible de grande amélioration au point de vue de l'engraissement. On ne peut disconvenir qu'avant de préconiser en France la race régénératrice, il importe de la mettre à l'essai et de la juger, si faire se peut, en poussant jusqu'à ses extrêmes limites l'épreuve, et par conséquent le développement de ses qualités spéciales. C'est là ce qu'on cherche dans les concours de boucherie, c'est là ce qui leur assigne un intérêt

Journal d'Agriculture pratique, n° du 20 octobre 1862, l'article de M. Bonnemère, sur la prime d'honneur (Maine-et-Loire).

majeur. Là, toutes les races sont admises, en concurrence les unes des autres, à déployer leurs aptitudes. Tous les éleveurs ont mis en œuvre leur habileté pour faire briller la race indigène, et si, dans cette lutte à armes égales, la race durham présente toujours les sujets les plus parfaits, et remporte soit par les durham purs, soit par des croisements bien combinés, les prix d'honneur, c'est qu'elle contient en elle-même les conditions de son succès, et qu'elle possède tous les titres voulus pour remplir l'office qu'on lui destine. Les animaux couronnés sont exceptionnels, cela est incontestable; mais le service qu'ils rendent est universel, parce qu'il est une indication, un enseignement, une démonstration, et qu'il ne s'agit plus que d'en faire une application raisonnée sur tous les points du territoire.

L'objection en ce qui concerne le travail est plus grave, mais a déjà trouvé sa solution dans l'expérience. La vache durham est aussi laitière et aussi féconde que toute race française, elle remplit donc sans réserve les meilleures conditions d'un fermage quelconque. Une vache inscrite dans le *Herd-Book*, n° 635, sous le nom de *Sarah*, était l'une des deux vaches qui ont fondé l'étable du Bourg-d'Iré. Dans l'espace de treize ans, elle a rapporté vingt-sept mille francs par la vente de ses produits et les primes remportées par eux aux concours. Elle a donné deux jumelles élevées sans difficulté, fécondes toutes deux, et souvent son lait a monté jusqu'à vingt-neuf litres par jour. En douze ans, les vaches durham, variant du nombre huit au nombre seize, ont donné en totalité cent cinquante-trois naissances, régulièrement inscrites sur un registre parafé par le maire. Le bœuf durham pur est trop délicat pour soutenir tous les travaux du labourage, mais le bœuf croisé les supporte avec autant d'énergie et autant d'opiniâtreté que le bœuf auvergnat ou gascon. La présence d'un certain nombre de vaches et de taureaux purs est indispensable pour garder et vulgariser la race; c'est là le rôle du propriétaire aisé et des comices de cantons. Le bœuf croisé devient l'instrument du petit cultivateur et du fermier; le croisement modifie la conformation et assouplit la peau dans la proportion qu'exige le développement de la viande, sans rien ôter à l'énergie des muscles et de toutes les facultés laborieuses. On obtient le bénéfice sans l'inconvénient, on améliore les races indigènes sans les dénaturer, comme il est arrivé quelquefois dans l'espèce chevaline. En un mot, on atteint le but de toute entreprise bien conçue, on réalise un progrès sans faire une révolution. Je sais que plusieurs théoriciens vont plus loin. M. Jamet, par exemple, qui a été, par l'ardeur de ses convictions et la clarté populaire de ses écrits, le promoteur de la race durham dans l'Ouest, souhaite la spécialisation absolue des animaux, c'est-à-dire que les bœufs destinés à la boucherie soient exclus du travail et que le labour s'exécute à l'aide de chevaux. Cela peut être, en effet, le terme final de l'agriculture perfectionnée; quelques départements en sont là; les autres n'y arriveront que fort lentement, s'ils y arrivent. Je n'oserais, pour mon compte, affirmer que ce résultat fût sans aucun péril, et je soumets à mon tour mon objection à mes maîtres.

Si tous les cultivateurs avaient exclusivement en vue de former l'animal de boucherie, je craindrais que l'éleveur, visant naturellement au bénéfice le plus prompt, n'abusât de la précocité de la race durham et ne finît par couvrir le sol d'animaux lymphatiques, d'une viande assurément plus abondante mais en même temps moins nutritive. Une singulière analogie me confirme dans cette appréhension, après m'avoir confirmé dans mes premières préférences.

A l'époque où l'on s'appliquait à diminuer, par l'introduction du sang anglais dans le bœuf, le mouton et le porc, le surperflu des parties osseuses, un éminent professeur d'arboriculture, M. Dubreuil, était conduit aux mêmes conclusions pour l'éducation des arbres fruitiers. Ce qu'on nomme aujourd'hui le système Dubreuil supprime les trois quarts du bois au profit du fruit, comme le système durham supprime, autant qu'il peut, les pattes et les cornes au profit de la viande. Le hasard me donnant en même temps à former une étable et à planter un potager, cette analogie de doctrine, si j'ose m'exprimer ainsi, me frappa extrêmement et me détermina à suivre tout ensemble ces expériences si diverses. Les résultats du potager sont demeurés, en effet, identiques à ceux de l'étable, et la nature a suivi dans l'une et dans l'autre les mêmes voies. La séve du pêcher ou du pommier ayant à nourrir une tige beaucoup moins développée, se porte avec plus d'abondance et de complaisance sur la pêche et sur la pomme. Les arbres, il est vrai, durent moins longtemps, mais aussi, comme l'animal perfectionné, ils sont infiniment plus précoces, plus riches dans la qualité et dans l'embonpoint du fruit. Mais si l'on veut abuser de cette découverte, si l'on arrive à outrer l'économie du bois, en taillant les branches trop près du tronc ou en plantant chaque tronc trop voisin l'un de l'autre, la nature se révolte, la séve fait éclater l'écorce, s'épanche en gomme, et le progrès forcé n'aboutit plus qu'à une maladie [1]. Ici, encore une fois, l'hygiène du monde naturel ressemble beaucoup à l'hygiène du monde moral, on y sent un seul et même législateur : l'homme ne

[1] L'Orphelinat de Clermont, en Auvergne, est confié aux frères de la Doctrine chrétienne, qui ont eu l'heureuse idée d'y fonder une école de jeunes jardiniers. Cet établissement a fourni déjà des élèves distingués à presque tous nos départements, et on peut y voir, sur toutes les variétés du système Dubreuil, les expériences les plus curieuses.

doit donc abuser de rien, pas même de ses découvertes. Il ne crée jamais, il invente peu, mais il lui est permis de perfectionner beaucoup. Un inventeur dans la vraie acception de ce mot apparait de siècle en siècle, rien n'est plus rare qu'une idée radicalement neuve. Mais les progrès graduels qui naissent de l'expérience, qui grandissent avec le temps, sont notre vrai partage et méritent vraiment confiance. Cette loi ne doit être nulle part plus souveraine qu'en agriculture. Je laisse donc de plus hardis et de plus érudits professer des théories absolues sur la spécialisation des races. Je me contente, jusqu'à plus ample informé, de leur amélioration, et, dans cette voie sagement modeste, j'ose garantir le succès sans aucune chance de déperdition pour notre richesse nationale.

III

J'ai essayé de plaider, dans la cause de l'agriculture, la cause de l'intérêt privé; voyons maintenant ce que doit attendre l'intérêt public.

Henri IV mit le jardin des Tuileries à la disposition d'Olivier de Serres; Sully prononça sur *labourage* et *pâturage* des paroles mille fois répétées; Louis XVI comprit et accueillit mieux que personne la découverte de Parmentier. Pour témoigner devant la France entière de sa sympathie, le Roi porta durant plusieurs jours des fleurs de pomme de terre à la boutonnière de son habit. L'époque qui suivit fut surtout l'époque du pompeux langage; depuis la Révolution, les phrases n'ont manqué sur aucun sujet. L'agriculture a donc été fort en honneur en France, mais cependant plus en honneur qu'en crédit, plus célébrée que servie. En relisant les mémoires des anciens intendants de provinces, en parcourant la France du dix-huitième siècle à la suite d'Arthur Yung, en étudiant, dans les livres plus spirituels et plus complets de M. Léonce de Lavergne, l'agriculture française au dix-neuvième siècle, on retrouve toujours ce mélange singulier de faveurs et de négligences, de promesses nombreuses et d'effets plus rares [1]. A cet égard, tout n'est pas changé. Si l'agriculture prétend marcher du même pas que tant d'autres choses dans ce siècle, c'est en elle-même surtout qu'elle doit puiser ses inspirations, ses forces et sa confiance.

Il serait injuste pourtant de nier que l'agriculture occupe aujourd'hui dans les régions officielles une place haute et considérable. On lui a voué un ministère spécial en partage avec le commerce et les travaux publics, contact naturel, voisinage dans lequel chacun des trois voisins peut trouver d'utiles relations et de bons conseils. Des hommes éminents figurent soit dans cette administration, soit parmi les inspecteurs généraux. Mais si, la totalité du budget à la main, l'on voulait apprécier au point de vue de l'agriculture la répartition de toutes les allocations facultatives, on pourrait sans ingratitude taxer l'État de plus de tiédeur dans les actes qu'il n'en montre dans les discours. Récemment, certains organes de l'opinion publique se sont livrés aux émotions d'un vif enthousiasme, lorsque vingt-cinq millions en cinq ans furent affectés au développement de nos chemins vicinaux. Assurément ce chiffre est imposant; cependant, divisé entre quatre-vingt-neuf départements, il représente pour chaque année une somme infiniment au-dessous des besoins et se fera à

[1] M. de Lavergne vient d'ajouter un titre de plus à la reconnaissance des agriculteurs par la publication d'un curieux et très-intéressant volume intitulé *Économie rurale de la France depuis 1789*.

peine sentir sur l'état général des communications vicinales, l'une des premières conditions de la prospérité agricole. En tout cas, ce n'est point encore cette largesse qui classera le laboureur parmi les privilégiés de l'État.

On pourrait appliquer des observations du même genre au montant des primes distribuées dans les concours, si l'on devait considérer ces primes comme dédommagement rémunérateur du travail. Les concours sont d'institution assez récente, et semblent déjà vieux tant ils ont bien pénétré dans nos mœurs. Comme stimulant, comme occasion de rapprochement des hommes et des choses, comme mise en présence des instruments et de ceux qui les doivent employer, les concours régionaux ont merveilleusement réussi, d'année en année leurs succès s'enracinent et leur influence s'étend. Mais entrez dans le calcul d'un simple fermier ou d'un petit propriétaire pour qui le moindre déplacement est un sacrifice, vous avouerez qu'ils doivent se sentir peu provoqués à délaisser leurs maisons pendant dix ou douze jours, à lancer leurs domestiques et leurs animaux sur un parcours qui varie de vingt à soixante lieues, pour la chance fort douteuse de de remporter une prime en argent dont le minimum est de cent et le maximum de sept ou huit cents francs. Les comices cantonaux reçoivent aussi une part de subvention, mais elle est, pécuniairement parlant, plus insignifiante encore. Le prix de ferme, qui compte à peine quatre ou cinq années d'existence, a été conçu sur des données plus larges, et je me hâte d'en rendre hommage à qui de droit. La coupe, symbole du prix d'honneur, est accompagnée d'une somme de cinq mille francs ; la coupe est un véritable objet d'art digne à tous les titres d'être conservée dans une famille, la somme est généreusement proportionnée à son objet, elle doit devenir et elle est devenue le moyen de nouveaux efforts. Si elle échoit à un propriétaire aisé, elle se distribue en tout ou en partie parmi les serviteurs de la ferme, quelquefois même elle a servi de germe à la fondation d'une œuvre pour les invalides de la campagne ; ce noble exemple a été donné entre autres par M. le comte du Buat, dans le département de la Mayenne. Cette somme est-elle décernée à un simple cultivateur triomphant à la sueur de son front, elle n'est pas seulement une distinction honorifique, elle est un capital supérieur quelquefois au premier enjeu de son début. Cependant cette institution opportune et féconde n'est pas exempte d'un vice d'origine qui pourrait la dénaturer tôt ou tard, s'il n'était signalé avec autant de calme que de bonne foi. La politique, jalouse de tout en France, n'a pu voir une dotation si ronde disputée chaque année dans une douzaine de départements sans s'informer si les anciens partis ne pourraient pas se glisser là en blouse ou en sabots, et empoisonner la coupe naïvement offerte par une main officielle. Cette éclatante récompense pourrait venir bien à propos confirmer une situation qu'on protége ou tomber malencontreusement sur telle autre que l'on écarte. Dès lors le jury est assailli d'avertissements officieux, quelquefois même il a eu à soutenir un combat direct. Ces conflits pénibles et toujours dangereux eussent été évités, si le jury, composé comme il l'est en grande majorité d'hommes compétents, était entièrement laissé à ses fonctions et moins subordonné à l'action administrative. En France, et surtout depuis qu'on parle beaucoup de décentralisation dans les circulaires ministérielles, on peut dire à coup sûr :

Aimez-vous *les préfets?* On en a mis partout.

Effectivement, le devinerait-on? c'est le préfet qui, dans chaque département, préside le jury au moment où il va rendre son verdict. Les jurés ont consacré un an à examiner sur place et sur pièces écrites chacune des exploitations concurrentes. Le préfet n'en a visité aucune, on ne doit pas présumer qu'il possède sur ces questions des notions très-nettes ou très-réfléchies; cependant il apparaît et il intervient à l'heure décisive; il peut apporter et il apporte quelquefois la prétention d'émettre un avis; quand il l'émet, il s'obstine à le faire prévaloir. On en pourrait citer d'amusants exemples. Jusqu'à ce jour, l'indépendance des jurés a tenu bon; mais pourquoi rendre gratuitement leur mission, déjà fort délicate, plus délicate encore? Ici le ministère de l'intérieur, quoique en flagrant délit d'intrusion, se montre moins réservé que le ministère de l'agriculture. A Poissy, M. Rouher couronne les lauréats, mais demeure étranger au jury et ne franchit pas le seuil de ses délibérations. Cette fâcheuse anomalie se trahit encore le lendemain de la distribution des prix : on a vu des journaux de préfecture, refusant de se modeler sur l'équitable *Moniteur*, traiter fort lestement les décisions promulguées et s'ériger arbitrairement en conseil de révision. Dans cette branche de l'activité nationale, comme dans beaucoup d'autres, on ne saurait donc trop recommander au citoyen la fermeté, au gouvernement la discrétion.

Toutefois ce sont là des abus faciles à corriger, et l'agriculture serait heureuse si elle n'avait d'autres plaintes à porter. Malheureusement, elle compte d'autres ennemis. Si le propriétaire veut remplir tout son devoir, s'il veut opposer son contre-poids aux abus, s'il veut réagir contre de fausses tendances, dont quelques-unes tiennent à l'essence même de notre législation, il jugera bientôt la gravité de sa mission et l'étendue de sa responsabilité.

Un des dangers unanimement reconnus de l'époque actuelle, c'est la dépopulation des campagnes au profit des villes. La sagesse consisterait à modérer ce mouvement, et tout au contraire, le gouvernement semble se plaire à l'accélérer. Aussi, est-ce là surtout que brille de nos jours l'office social et réparateur de l'agriculture. Ce mouvement de dépopulation a plusieurs motifs principaux : la conscription, la direction des travaux publics, le relâchement du frein moral, l'envahissement du luxe et de son cortége.

La conscription creuse chaque année un vide énorme dans la population des campagnes, et enlève la fleur de la jeunesse laborieuse, mais le service militaire est le plus noble tribut que l'on puisse payer à la patrie. Là du moins, la consolation est en regard du mal, et l'irritation ne s'ajoute point à la douleur. Bornons-nous donc à souhaiter que l'impôt des hommes soit plus ménagé encore que l'impôt des deniers ; que l'armée, toujours prête et toujours prompte pour la défense ou pour l'honneur du drapeau, ne soit pas démesurément grossie pour des guerres que n'avouerait point la justice, ou pour des expéditions que ne comprendrait point la sagacité publique. Quand l'appel du contingent n'est pas exagéré, quand, au bout de peu d'années, le soldat peut revoir le pays natal, il y revient dans la vigueur de l'âge et, tout joyeux, échange le sabre contre l'outil paternel. Il en est tout autrement de l'émigration que provoque et fomente chaque jour davantage, dans la classe ouvrière, le développement exorbitant des travaux publics. Quelques grandes villes absorbent de plus en plus la population au détriment des campagnes, et Paris au détriment de toutes les autres villes. C'est un recrutement égal, si ce n'est supérieur, au recrutement de l'armée, avec cette aggravation que celui-ci est sans règle, sans discipline, sans esprit de retour. La concurrence va toujours croissant, son ardeur dévore nos fabriques et nos usines. Plusieurs chefs de grandes maisons industrielles déploient un admirable zèle pour conjurer les conséquences les plus cruelles de cette fiévreuse situation, mais la plupart du temps leurs soins échouent. Là encore se révèlent les ombrages administratifs, et enfin la violence du courant emporte les digues. La santé de l'ouvrier est usée par la fatigue et par la dissipation; il mène de front ces deux excès, il passe brusquement de l'assujettissement à la licence, et ses passions, incessamment excitées, finissent par préférer leur satisfaction à toute autre. Un courage presque surhumain peut seul lui conserver le désir et la possibilité d'un ménage paisible, d'une famille régulière; s'il revient au foyer paternel, c'est à force de mécomptes, et pourtant encore sous le joug de funestes habitudes, qu'il cherche à implanter là où il ne les retrouve pas.

En 1846, c'est-à-dire à une époque de pleine sécurité gouvernementale, un bureau de la Chambre des députés avait à nommer son commissaire du budget. La discussion allait se fermer sur quelques banalités politiques, lorsqu'un député d'un visage imposant et d'un accent convaincu se mit à déclarer qu'il avait une recommandation expresse à faire au commissaire qu'on allait élire : c'était d'insister de toutes ses forces contre l'affluence de plus en plus effrayante de la population ouvrière de tous les points de la France sur Paris. « Depuis longtemps, dit-il, membre du conseil municipal parisien, je vois le flot monter, le péril grossir; nous nous endormons au sein d'une tranquillité trompeuse, et nous serons réveillés quelque matin par une formidable castastrophe. » Quel député parlait ainsi? Était-ce un conservateur ahuri, un rétrograde sans entrailles et sans lumières? Non, c'était un homme que sa prédiction accomplie allait porter bientôt au pouvoir, c'était François Arago. Sa patriotique doléance avait surtout en vue la soudaine agglomération ouvrière occasionnée par l'exécution des fortifications de Paris. Depuis, nous avons assisté à la révolution de Février, nous avons vu la république escalader le palais Bourbon, M. Louis Blanc s'emparer du Luxembourg ; nous avons subi les terribles et douloureuses journées de Juin, et toutes ces leçons ont été perdues. Quel langage s'échapperait donc aujourd'hui des lèvres de François Arago, s'il était toléré dans le conseil municipal de Paris, et si, discutant encore le budget, il jetait son coup d'œil d'ancien libéral sur les dix années qui viennent de s'écouler ! L'agriculture est donc paralysée, menacée en France par la partialité de l'administration en faveur des villes aux dépens des campagnes ; mais, du moins, l'agriculteur chez lui, sur son propre terrain, dans les étroites limites de la commune, trouve-t-il l'appui sympathique auquel il a droit ? La réponse affirmative n'est pas toujours permise. L'état d'un certain nombre de communes présenterait un sujet de curieuse étude, exigerait l'énumération de singuliers griefs, quelquefois même d'une sorte d'iniquité systématique, et je n'aurais pas à chercher mes exemples bien loin. Mais cette description trop fidèle m'entraînerait au delà de mon but, et je veux me maintenir dans le cadre plus humble d'une courte esquisse de mœurs champêtres.

A la campagne, le cabaret est l'adversaire né du travail, de l'économie, de la régularité dans la vie de famille. Sauf deux ou trois maisons par bourgade, auberge pour le commis voyageur, abri hospitalier pour la conclusion des affaires courantes, centre pour l'approvisionnement des petites caves, sauf ces maisons dont l'existence est fort inoffensive et dont la tenue est souvent confiée à des gens fort honorables, le cabaret de village tourne très-promptement aux mauvais lieux clandestins. Dès qu'il se multiplie au delà d'un besoin normal, il spécule nécessairement sur le vice, l'appelle, le favorise et l'initie aux raffinements les plus dangereux. Le valet de ferme, l'ouvrier compagnon s'y glissent d'abord furtivement, se plaisent dans leur rencontre, s'enhardissent, puis s'installent au grand jour, finissant par braver les réprimandes privées en même temps que le blâme de l'opinion locale. Les dés et les cartes se joignent au vin ; on joue d'abord l'argent qu'on a, ensuite celui qu'on n'a pas, on finit enfin par engager celui qu'on dérobe, et plus d'une liaison commencée au cabaret sans mauvaise prévision, sans perversité, se dénoue honteusement, irréparablement, devant un tribunal ou une cour d'assises. Ce fléau allait subir, il y a trente ans, un échec inattendu et qui permettait d'espérer une notable décroissance dans ses ravages, ce fut l'invention des voies ferrées. Je ne parle pas du chemin de fer dans ses rapports généraux avec la locomotion universelle, et de la fièvre de déplacement qu'il peut faire naitre dans les générations à venir ; mais uniquement envisagé au point de vue de son existence à la campagne et du sillon qu'il trace à travers champs, le rail est infiniment plus moralisateur que les anciennes routes. Le grand chemin d'autrefois était bordé, à courte distance, d'une double haie de chaumières qui n'avaient d'autre mission que d'héberger le roulier, d'étancher sa soif, de présenter au conducteur de diligence et au postillon un verre de vin toujours indispensable, en hiver pour se réchauffer, en été pour se rafraîchir. Le colporteur, le vagabond se mettaient de la partie, et quand la contrée était avenante, ils devenaient des visiteurs familiers. Le chemin de fer est doué d'un tempérament absolument opposé, il ne souffre jamais dans le manger ni dans le boire l'ombre du superflu. Son personnel, toujours tenu en haleine, campe sur le sol plutôt qu'il n'y habite, n'entre dans aucune des habitudes de la population ; c'est p'us qu'un soldat en garnison, c'est une sentinelle dans une place de guerre. Sa vigilance répond de nos jours, la moindre distraction dans sa consigne, le moindre écart de sa sobriété serait puni comme homicide ; et après les institutions monastiques, rien ne saurait mieux enseigner l'austérité cénobitique qu'un gardien de barrières et un transmetteur de signaux. Les vendeurs et les buveurs de vin devaient donc se croire condamnés à un régime plus sévère, lorsqu'un auxiliaire opiniâtre et puissant s'est déclaré hautement en faveur du débit illimité des boissons : ce fut le trésor public.

Au lendemain du 2 décembre, dans l'intervalle qui s'écoula entre la dictature saisie et l'empire en perspective, à l'époque où le gouvernement prenait son point d'appui ailleurs qu'il ne le cherche aujourd'hui, un décret de M. de Morny, ministre de l'intérieur, prescrivit des mesures rigoureuses pour la fermeture de toute auberge, cabaret ou café qui deviendraient l'objet d'une plainte ; il exigeait des enquêtes et imposait un frein à la prodigalité des patentes. Le bon sens applaudit, mais le fisc s'alarma ; la patente était productive, et son intérêt se trouvait en opposition directe avec celui de la morale. Le duel entre ces deux adversaires demeura un instant indécis, mais peu à peu la morale dut s'avouer vaincue, et le triomphe du fisc fut assuré. Aujourd'hui, il est peu de communes où la quotité de la population serve de règle à la quantité des débits de boisson ; on inflige à de petites bourgades jusqu'à douze ou quinze cabarets. Je connais dans le département d'Ille-et-Vilaine un bourg qui ne compte pas moins de trente auberges, cafés ou cabarets, et la population totale de la commune n'est pas de huit cents âmes. Il arriva un jour que le département interdit la mendicité. A quelques semaines de là, un des cabaretiers avait plié bagages ; on lui demanda ce qui l'avait subitement ruiné : « La disparition subite des mendiants, » répondit-il tristement. Ainsi l'aumône à peine reçue d'une compassion charitable allait se dépenser

dans la taverne. Voilà le genre d'industrie que le ministère des finances a repris sous sa protection.

Une autre preuve, dans des circonstances inverses, peut être alléguée, avec non moins de certitude. Un bourg mieux partagé que le précédent ne possédait que trois auberges. Des trois une seule donnait lieu à des accusations. L'aubergiste, excellent homme, se désolait de gagner son pain à pareil métier. Un propriétaire le vint trouver, et lui dit : « Je vous donne deux mille francs si vous voulez les consacrer à une industrie honnête. » Le brave homme accepta, acheta un fonds de mercerie, et la mauvaise porte fut close. Ce même propriétaire comprit cependant que son zèle pour la tempérance allait devenir onéreux, et qu'il ne pourrait soutenir longtemps la lutte, si l'administration délivrait autant de patentes qu'il en pourrait racheter. Il fit observer à l'autorité que cette commune n'occupait jamais ni la police ni la gendarmerie, suppliant qu'on la laissât tranquille et qu'on n'y prêtât plus la main à aucun élément de dépravation ; cette supplique fut agréée. Quelque temps après, le propriétaire s'absenta. A son retour un nouveau débit de boissons était autorisé et installé. Le remède efficace serait un remaniement considérable dans notre législation, partant des principes de la liberté communale ; mais en attendant cette réforme, qui peut tarder à venir comme plusieurs autres, les citoyens ont à remplir avec d'autant plus de soin leurs devoirs privés.

L'intention sincère de tenir la balance égale entre toutes les vérités oblige à dire que l'esprit de propriété a aussi, comme l'esprit de centralisation administrative, son aveuglement, son égoïsme et sa routine. Au premier rang des devoirs du propriétaire on doit donc placer l'attentive gestion de sa propriété. Si le capitaliste perd son capital, c'est un grand malheur privé, mais charge d'âmes n'y était point attachée.

Si, au contraire, celui qui voit entrer dans son existence celle d'une portion notable de la population d'une commune, si celui qui vit constamment en évidence, et fait, qu'il le veuille ou non, de ses exemples bons ou mauvais, une sorte de sphère vers laquelle gravitent ceux qui l'entourent; si celui-là manque à comprendre ou à remplir sa mission, c'est plus qu'un malheur privé, c'est une banqueroute publique. La possession de la terre est donc une des plus hautes fonctions de ce monde; si chacun de nous y réfléchissait bien, l'état général de notre pays serait modifié en cinquante ans, et dans cette restauration sociale, l'agriculture jouerait le premier rôle.

L'agriculture ne corrompt point ceux qu'elle enrichit, seul genre de fortune qui mérite ce compliment. Ses délassements comme ses travaux répugnent à dépraver les masses. C'est la carrière où la créature demeure le plus constamment en rapports avec le Créateur. Ses instruments principaux lui viennent directement de Dieu; le soleil et le nuage, la chaleur et la rosée sont ses premiers ouvriers. Le regard du laboureur est, avec le regard de l'astronome, celui qui se lève le plus habituellement vers le ciel. C'est aussi la carrière qui porte le moins d'atteintes au caractère primordial et patriarcal de la famille. Les générations se groupent derrière leur chef et se réunissent chaque soir autour du même foyer. Le mécanicien et l'artisan, dans la plupart des villes, ont à peine la place d'un ménage. L'apprentissage les décharge trop souvent du souci paternel aussitôt que l'enfant peut aller chercher subsistance n'importe où et n'importe à quel prix. Pour le travail des champs, l'air et l'espace ne manquent jamais; la famille y est toujours une richesse, et l'éloignement d'un fils ou d'une fille une calamité autant qu'une affliction. C'est à la campagne que se réalise naturellement le vœu si touchant et si juste de saint Augustin : *Delectatio ordinet animam* (que les plaisirs fassent partie du bon ordre de l'âme). La ville change trop souvent les distractions en piége, la camaraderie en danger. Dans une vaste agglomération d'hommes, il est bien difficile que la vivacité de la jeunesse ne dégénère pas en licence. Par une corrélation fatale, à mesure qu'on attire l'ouvrier en plus grand nombre dans les villes, on apporte la même légèreté à multiplier pour lui les faciles dissipations et les occasions de débauche. Procurer à l'homme de labeur le repos de ses membres et l'épanouissement de son âme est sacré; jeter partout sous ses pieds l'appât de l'orgie grossière est impie. Quand on descend le flambeau à la main dans ces abîmes, quand on contemple de près ces désespoirs navrants et ces consolations hébétées, ces bons instincts comprimés, ces brutalités assouvies, le cœur est saisi d'effroi pour la société et de remords pour la civilisation. Dans la vie des champs, les distractions participent à toute la simplicité de la vie commune et publique. L'œil du maître ou du père ne cesse jamais de les apercevoir, et quand un désordre s'est glissé dans une liaison, il est bien rare qu'un mariage heureux et honnête ne répare pas, sous l'aiguillon de la conscience, une faute d'entraînement.

Que faut-il pour que ce tableau tracé de ma fenêtre, d'après nature, ne soit pas ailleurs une églogue imaginaire? il faut que le propriétaire ait lui-même quelques-unes des vertus qu'il se propose de conserver au sein de la population qui l'environne. Il faut qu'il réside souvent au milieu d'elle ou ne s'y fasse représenter que par des délégués pénétrés du même esprit que lui-même. Telle classe supérieure, telle classe inférieure, quand la souffrance et l'immoralité sont en bas, la responsabilité est en haut. Quand on se plaint des sentiments de la commune qu'on habite, de ses inclinations hostiles, de ses tendances anarchiques, on peut entamer son examen de conscience; et si on exerce une influence séculaire, on arrive à découvrir qu'on subit la peine soit de ses propres torts, soit des torts de quelque grand-père. La classe agricole, quelque heureusement douée qu'elle soit, n'est pas, il faut bien qu'on le sache, née à part, en dehors du péché originel et à l'abri de toute inoculation vicieuse; comme toute autre, elle a besoin d'être préservée et guidée; pour n'avoir jamais à s'en plaindre, il faut commencer par ne pas s'en séparer. Si la vie de famille à la campagne est plus aisée et plus digne pour la classe laborieuse, la vie de campagne est aussi pour une famille riche la plus digne et la mieux remplie. Ceux qui ont connu les anciennes prépondérances en retrouvent encore là quelques vestiges. Ceux qui, sans ambition et sans tradition, ne cherchent le bien que pour le bien lui-même, ne trouvent nulle part une carrière plus libre et plus vaste. Il faut seulement que chacun consente, de bonne grâce, au sacrifice plutôt apparent que réel qui correspond à son âge; il faut que la jeunesse ne répugne pas trop à la simplicité des goûts et sache résolûment choisir entre les plaisirs animés, variés, en plein air, et l'émotion nocturne de toutes les fêtes monotones et énervantes du grand monde; il faut que l'âge mûr encourage cette préférence, aplanisse les chemins et ne considère pas comme une abdication anticipée le moindre partage d'autorité, la moindre ingérance dans le maniement de la maison ou des terres. On ne peut exiger des jeunes gens qu'ils se plaisent au séjour de la campagne si l'on en réserve pour soi seul les jouissances. On doit mettre du moins tous les plaisirs de la vie qu'on leur impose à la place des regrets que peut inspirer la vie qu'on leur fait quitter.

Cette harmonie des âges et des classes est la vraie harmonie sociale et par conséquent la vraie garantie d'ordre. Dans le paysan, elle prépare le soldat le plus robuste, l'électeur le plus sensé, le contribuable le plus docile; dans le propriétaire, elle donne l'éligible le plus éclairé, le gardien le plus vigilant des principes conservateurs et des deniers publics, le juge le plus compétent des problèmes intérieurs, parce qu'il y est le plus intéressé, et des problèmes de la politique étrangère, parce qu'il est le plus initié aux vieilles annales de la patrie. Une nation a, comme un budget, sa masse consolidée et sa masse flottante, ses problèmes passagers et ses intérêts permanents. La classe industrielle, la population citadine représentent les uns, la population agricole représente les autres. Il ne s'agit point ici d'immoler l'intérêt industriel à l'intérêt agricole, mais de les bien comprendre tous les deux, de leur imposer à chacun leurs limites et d'empêcher les usurpations qui, là comme ailleurs, se traduisent bien vite en malaise.

Depuis quatre-vingts ans la France est remuée, bouleversée de fond en comble par des agitations incessantes. Toutes les classes de la société ont pu se juger à l'œuvre; chacune a marqué de son empreinte spéciale quelques pages de l'histoire contemporaine. Quand a-t-on vu la classe agricole prendre l'initiative de la révolte ou refuser de prêter son concours à des événements réparateurs? Les guerres de la Vendée ont jeté sur les paysans de l'Ouest une splendeur de renommée qui avait attiré l'hommage de Napoléon et qui inspire le respect à quiconque se respecte soi-même. Eh bien, sans méconnaître aucune des inspirations héroïques qui soulevèrent en un clin d'œil un peuple pour ainsi dire tout entier, on peut affirmer qu'à part la foi religieuse, premier mobile de tous les grands dévouements humains, l'histoire de la Vendée ne s'explique bien que par la connaissance des rapports antiques et ininterrompus du propriétaire et du fermier. La Bretagne, l'Anjou, le Poitou étaient les provinces où le gentilhomme résidait le plus habituellement sur ses terres, où l'on briguait le moins les charges de cour, où l'on avait le plus de hâte, en quittant l'armée, la magistrature ou l'administration, de revenir mourir au foyer modeste du manoir paternel. Dans les temps de prospérité monarchique, cela donnait des caractères fièrement trempés, des probités rigides, des fidélités respectueuses mais indépendantes. Au jour de la détresse et de l'épreuve, cela a donné, dans l'élan spontané d'une unanimité sans exemple, l'union de toutes les classes, le sacrifice en commun de la fortune et du sang, cela a mis du même côté, sur le même champ de bataille, le seigneur et le garde-chasse, Bonchamp et Stofflet, la Rochejaquelein et Cathelineau. La grandeur historique naît aisément de la pureté des mœurs; cette filiation est si vraie, si indépendante de toute théorie préconçue, de tout drapeau politique, que les mêmes causes produisent les mêmes effets dans une république ou dans une monarchie. Les Suisses du quatorzième siècle n'auraient pas renié les Suisses du 10 août, et le lion de Lucerne pleure sur sa glorieuse blessure à deux pas du monument de Guillaume Tell; la république helvétique elle-même n'a vécu au centre de l'Europe, n'a duré et ne durera que parce qu'elle est une agrégation de peuples pasteurs, conservant dans ses montagnes sa mâle et primitive simplicité. Les aristocraties européennes les plus solides sont celles qui ont su le mieux résoudre le double problème de la vie politique unie à la vie populaire. Il y a vingt ans, le prince Esterhazy, ambassadeur d'Autriche à Londres, consacra quelques journées d'hiver à une visite chez le duc de D... Le grand seigneur anglais et le magnat hongrois passèrent en revue les écuries, les étables et les bergeries, puis le duc de D... se mit à demander si les troupeaux de Hongrie étaient comparables aux troupeaux d'Angleterre. Le prince Esterhazy se sentit touché au vif, et avec le sourire d'une fierté un peu blessée, il répondit : — J'ai à peu près autant de bergers que vous avez de moutons. Si beaucoup de gentilshommes français au dix-huitième siècle avaient été en mesure de se permettre une telle réplique, peut-être le cours de notre histoire eût-il été changé, peut-être eussions-nous connu la liberté sans les folies qui la compromettent, sans les crimes qui la déshonorent.

Contraste singulier ! ce sont quelquefois les hommes qui croient avoir le plus à se plaindre du temps actuel qui se préoccupent le moins de modérer ou de corriger son mouvement. Ce sont ceux qui gémissent le plus du poids accablant des fardeaux modernes qui se refusent à les soulever, même du bout du doigt.

Assurément ils ne sont pas rares, les hommes qui s'imaginent qu'on pourrait, de nos jours, combler bien des lacunes ou rectifier bien des déviations. A leur sens, la paix intérieure ne repose point sur des bases inébranlables, et les complications extérieures ont été plutôt envenimées qu'apaisées par l'intervention de nos armes. Nos généraux et nos soldats taillent un magnifique canevas à nos diplomates, mais ceux-ci le brodent à la façon de Pénélope ; en sorte que la France, à sa profonde surprise, gagne tous les coups et perd toutes les parties. Si ces maux existent en réalité, qui voudrait en demeurer simple spectateur, qui s'attribuerait le privilége de rester plongé dans l'inertie du fatalisme musulman et de se croiser les bras comme les Turcs se croisent les jambes ?

Quand on accuse un mal on est tenu de chercher le remède. Quel est aujourd'hui le remède universel, la panacée des souverains aussi bien que des peuples ? C'est le suffrage universel. Les vieux droits et les jeunes traités ont même destin. Tout ce que le peuple décide sur un bulletin devient non-seulement licite, mais juste. Le général Bonaparte, touchant pour la première fois aux démêlés de l'Italie, disait au commencement de ce siècle : « Je fais plus de cas de l'avis d'un Brignole que de celui de cent bateliers génois. » Désormais les Brignole sont frappés d'ostracisme et les bateliers dominent le Sénat. Nous avons vu, il y a moins de quinze ans, la propriété et la famille votées par oui et par non dans les clubs ; maintenant ce sont les plus hautes questions religieuses, éteintes alors, rallumées aujourd'hui, qui d'un moment à l'autre peuvent passer par ce creuset. D'où viendrait l'indifférence ? serait-ce faute de prévision ? Mais les sinistres prophètes abondent. Serait-ce découragement ? Mais de quel côté se rangeraient les gros chiffres, c'est-à-dire les gros bataillons, si tous les intéressés s'étaient, de longue main, préparés à la lutte et y entraient de tout leur cœur, avec toutes leurs forces ? Les indifférents aujourd'hui seraient forcément les neutres demain, et qui peut calculer la portée d'une telle impuissance ou d'une telle neutralité ?

Ce langage signifie-t-il que l'agriculture doit être seule régulatrice des combinaisons politiques, et vise-t-il, par enthousiasme pour une carrière de prédilection, à la désertion de tous les emplois, à l'abandon de nos assemblées délibérantes ? Cette prétention serait insensée, et je serais humilié qu'on me la prêtât. L'agriculture doit être puissante dans une grande nation, mais non pas seule puissante. Le char de l'État risquerait de devenir une charrette, et j'en serais aussi désolé que personne. La pensée de ce travail ne s'adresse donc qu'aux propriétaires exilés, volontaires ou involontaires, de la hiérarchie officielle, et qui de là pourraient conclure qu'aucune fonction publique n'existe plus pour eux. A ceux-là, je le crois, on ne saurait trop le répéter : les jouissances de la vie agricole s'appuient sur des devoirs, et ces devoirs y revêtent une forme moins troublée, moins douteuse que sur d'autres théâtres. Bien téméraire serait celui qui attribuerait à une condition quelconque de la vie une somme plus forte ou plus certaine de ce qu'ici-bas on nomme le bonheur. Notre sérénité tient plus à notre caractère qu'à notre état. Envier le sort d'autrui, c'est juger sur une illusion et poursuivre une chimère. Cependant, si l'on osait former un choix en matière de destinée, c'est probablement la vie des champs qui tromperait le moins d'espérances. Le vrai campagnard est en même actif et sédentaire; sensible à l'honneur, inaccessible à l'ambition, il sert son pays sans quitter son foyer. Son corps est robuste parce que son âme est paisible. Plonge-t-il son regard en arrière, il retrouve des soucis ou des peines, mais point de regrets. Sa devise est : Vivre en travaillant, mourir en priant. Quand ses jours sont comblés, il laisse autour de sa tombe un honnête souvenir de deux ou trois lieues de circonférence, résumé en un seul trait : il aima les paysans et les pauvres.

PARIS. — IMP. SIMON RAÇON ET COMP., RUE D'ERFURTH 1.

www.ingramcontent.com/pod-product-compliance
Lightning Source LLC
LaVergne TN
LVHW012012160826
845678LV00002B/793

* 9 7 8 2 3 2 9 6 6 9 7 3 1 *